BEI GRIN MACHT SICH IHR WISSEN BEZAHLT

- Wir veröffentlichen Ihre Hausarbeit, Bachelor- und Masterarbeit

- Ihr eigenes eBook und Buch - weltweit in allen wichtigen Shops

- Verdienen Sie an jedem Verkauf

Jetzt bei www.GRIN.com hochladen und kostenlos publizieren

Impressum:

Copyright © 2017 GRIN Verlag
Druck und Bindung: Books on Demand GmbH, Norderstedt Germany
ISBN: 9783346074416

Julian Kühn

Entwicklung eines Tilt Arm Racing Quadrocopters

GRIN Verlag

2016/2017

Dokumentation

Die Entwicklung eines Racing-Quadrocopters

1. Inhaltsverzeichnis

2. Einleitung

2.1 Vision

Das Hobby Flugmodellbau begleitet mich seit meiner frühen Jugendzeit. Angefangen mit Seglern über RC-Helikopter bis hin zu Impreller Jets. Seit nunmehr 2 Jahren beschäftige ich mich ausschließlich mit dem Thema Quadrocopter. Angefangen mit einfachen Consumer Modellen kam ich schnell zu Bausätzen für sogenannte Racing Quadrocopter. Gleichzeitig wurde die FPV Technik – Systeme bestehend aus einer Mini Kamera, einem Video Transmitter und einer Antenne auf der Senderseite- und bestehend aus einer VR Videobrille auf der Empfängerseite- bezahlbar und salonfähig. Vor diesem Zeitpunkt flog ich sämtliche Modelle auf Sicht, nun verbaute ich FPV Systeme in die Racing Quadrocopter und bekam eine ganz neue, faszinierende Sicht beim Fliegen. Fortan steuerte ich nun den Racing Quadrocopter über die Mini Kamera und bekam Live dieses Bild auf meine Viedeobrille projiziert.

Über die Zeit konnte ich immer besser und schneller den Quadrocopter- gesteuert mithilfe des Kamerabildes- durch den Parcours fliegen.

Hierbei entstand aber der unangenehme Effekt das der Copter speziell bei Vollgas Beschleunigungen extreme Neigungen annahm, was sich negativ auf den Sicht Bereich der Mini Kamera auswirkte und nicht selten zu Crashs führte.

Diese Neigungswinkel galt es also zu begrenzen oder bestenfalls zu eliminieren, die Kernaufgabe in diesem Projekt.

Dieses Projekt befasst sich mit dem Entwurf und Umsetzung eines neuartig angetriebenen Typ Quadrocopter. Zwei markante, untypische Zielvorgaben sollten erreicht werden: zum einen sollte der Neigungswinkel begrenzt werden und zum anderen sollte der Rahmen des Quadrocopters mit der 3D Drucktechnik hergestellt werden.

Quadrocopter sind weit mehr als ein Hobby, sie sind als universelle Träger zu sehen, welche in Zukunft viele nützliche Aufgaben erledigen können. Aufgabenbereiche wie Transport von Waren, Bewachung von Grundstücken oder Landesgrenzen bis hin zur Personenbeförderung sind Perspektiven für diese Technologie.

Abbildung 5 FPV-Flug

2.2 Bisheriges Funktionsprinzip

2.2.1 Der Antrieb:

Die meisten im Handel angebotenen Quadrocopter haben keine schwenkbaren
Antriebsachsen. Die Bewegung wird nur durch das Senken der Drehzahl der Achse
A und das Erhöhen der Drehzahlen der Achse B reguliert. Dies hat zur Folge, dass
der Copter extreme Neigungen in der Z-Achse annimmt. Dies ist in der folgenden
Abbildung 9 dargestellt. Da gerade im FPV-Flug über eine fest verbaute Kamera
gesteuert wird, wirkt sich diese permanente Level-Änderung negativ auf das Sichtfeld
aus.

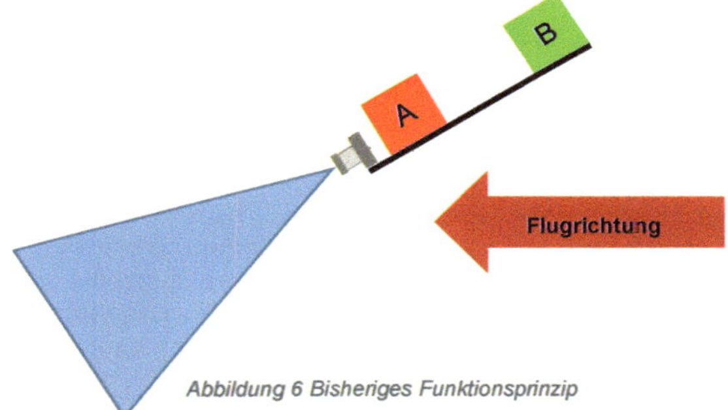

Abbildung 6 Bisheriges Funktionsprinzip

Mittlerweile existieren bereits Quadrocopter mit sogenanntem TILT-ARM-Antrieb.
Hinter dem Begriff TILT-ARM verbirgt sich die Idee, Quadrocopter zu entwerfen,
dessen Motorarme kippbar (englisch:"tilt") sind. Die Motorarme bewegen sich
proportional zur Schub-Steuerung auf der Funkfernsteuerung. Zum Abheben stehen
die Propeller in der Horizontalen, gibt man Schub oder bremst, neigen sich die
Rotoren entsprechend. Diese Art Quadrocopter ist jedoch sehr teuer und schwer
einzurichten, weil es derzeit noch keine speziell dafür entwickelte Hardware
(Flugcontroller) und Software (Firmware) gibt.

2.2.2 Rahmenteile:

Der mechanische Aufbau eines Quadrocopters basiert auf einem Baukastensystem
aus Carbonplatten, die überwiegend nur im Set erhältlich sind. Dies bedeutet, dass
Ersatzteile angeschafft werden müssen, die letztendlich nicht benötigt werden.
Dagegen haben sich durch 3D-Druck hergestellte Ersatzeile bisher nicht etabliert, da
das Rohmaterial für den 3D-Drucker (ABS-/ PLA-Filament) den Anforderungen noch
nicht genügte. Die Entwicklung von Spezialfilamenten schreitet jedoch rasant voran,
weshalb eine künftige Verwendung im Rahmen dieser Projektarbeit angestrebt wird.

2.3 Ist - Zustand

2.3.1 Entwicklung eines Quadrocopters TILT-Arm-Antriebs:

Es wurde ein Quadrocopter umgesetzt welcher nun den Vorwärts –bzw.
Rückwärtsflug nicht mehr nur rein über die Drehzahlveränderungen der
Antriebsachsen realisiert, sondern seine Antriebsachsen, welche Kugelgelagert
wurden, kippt. Eine schnelle und kraftvolle Drehbewegungen der Achsen A und B
(siehe Abbildung 8) wird durch einen Digitalservo ermöglicht.

Abbildung 7 Realisiertes Funktionsprinzip

Vorteil dieses Quadrocopter- Prototyps, auch Tilt-Arm-Quadrocopter genannt ist,
dass dieser nun keine Extreme Fluglagen Veränderung beim Vorwärts –bzw.
Rückwärtsflug annimmt. Die stabile Fluglage wirkt sich positiv auf den von der
Kamera aufgenommene Bildaufnahme aus, was ein angenehmen FPV-Flug
ermöglicht und Kollisionen mit Hindernissen verhindern kann. Dieser Effekt wird im
folgenden Bild deutlich. Beide Bilder sind an identischer Stelle aufgenommen, aus
der FPV-Perspektive und bei beiden Bildern wurde jeweils Vollgas beschleunigt.

Abbildung 8 Unterschied Sichtfeld

2.3.2 Herstellung des Rahmens mithilfe eines 3D-Druckers

Die zweite Hauptaufgabe dieses Projektes bestand darin, den Rahmen des
Prototyps so zu konstruieren das er mittels eines 3D-Druckers schnell
nachproduzierbar ist, denn schnell zu fliegen bedeutet auch, schnell gegen
Hindernisse zu prallen. Deshalb muss man immer in der Lage sein, schnell und
günstig das Frame zu ersetzen. Aus diesem Grund werden die Teile des Copters so
entworfen, dass sie mit möglichst wenig Handgriffen und Werkzeug ausgewechselt
werden können.

Eine wichtige Aufgabe im Rahmen dieses Arbeitsschrittes war die Findung cer
optimalen Druckparameter für den Druck. Es wurden Parameter wie die
Drucktemperatur, die Stärke der Außenwände eines Objekts oder die Füllung eines
Objekts so ausgewählt das man eine möglichst hohe Festigkeit erreicht bei
minimalen Filament Verbrauch und eines möglichst geringen Gewichtes des fertigen
Objektes.

Die einzelnen Bauteile des Frames wurden so konstruiert werden, dass eine
maximale Festigkeit und Stabilität erreicht wird. Defekte Bautei e des Gehäuses sind
innerhalb von maximal 7 Stunden durch einen 3D -Drucker nachproduzierbar.

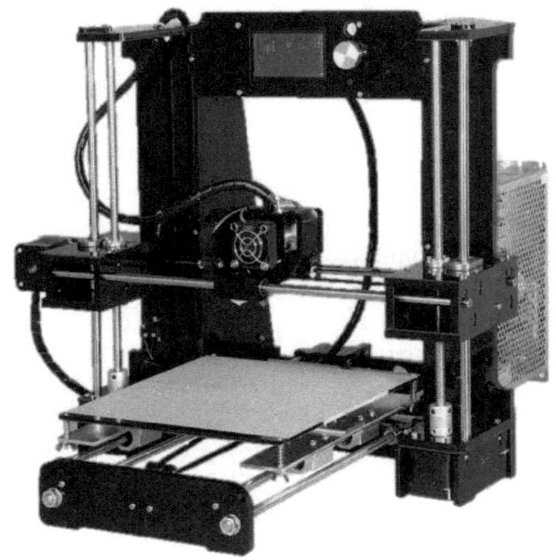

Abbildung 9 Verwendeter 3D-Drucker

3. Realisierung

Die Realisierung des Projekts soll in chronologischer Reihenfolge dargestellt werden.
Dies wiederspiegelt auch den tatsächlichen Ablauf der einzelnen Arbeitsschritte.
Einige Arbeitsschritte mussten wiederholt werden, speziell der Entwurf des
Gehäuses und der 3D Druck von Bauteilen wurde oftmals wiederholt um
Optimierungen vorzunehmen oder defekte Bauteile auszutauschen.

3.1 Brainstorming

Nachdem diese Projektarbeit von der Schule genehmigt wurde, mussten erst
grundlegende Dinge zum Thema Quadrocopter besprochen werden, damit beide
Team-Mitglieder möglichst denselben Wissensstand haben. Es wurden
verschiedenste Bauformen von Quadrocoptern angeschaut, um sich für das eigene
Projekt inspirieren zu lassen. Des Weiteren wurden die genauen Funktionen und
deren Notwendigkeit geklärt. Bereits hier kamen verschiedenste Lösungswege oder
Designideen auf, welche diskutiert und dokumentiert wurden. Beide Team-Mitglieder
einigten sich darauf, dass der Quadrocopter eine Größe von 280mm – gemessen
von Propeller zu Propeller - nicht überschreiten soll.

3.2 Aufteilen der Arbeitsschritte

Beide Team-Mitglieder haben die Komplexität des Projekts erkannt und haben
deswegen einzelne Arbeitsschritte definiert. Diese definierte Abfolge der einzelnen
Schritte hat geholfen, den „roten Faden" nicht aus den Augen zu verlieren.

3.3 Entwurf der Gehäuseteile

Nachdem handschriftliche Skizzen über das Design der Frames inklusive
Abmessungen erstellt wurden, ging es darum eine Software zu finden mit der man
die noch handschriftlichen Ideen in 3D-Skizzen auf dem Computer entwerfen konnte.
Hierbei entschieden wir uns für das Zeichenprogramm „FreeCad" da es kostenlos
erhältlich ist und den Anforderungen entsprach.

Bei der Nutzung dieser Software kam erschwerend hinzu, dass beide Team-
Mitglieder keine Erfahrung im Umgang mit diesem Programm hatten. Die negative
Folge war, dass das ursprüngliche zeitliche Budget dadurch nicht unerheblich
überschritten wurde.

Bei dem Entwurf der Dateien musste so gearbeitet werden, dass die Teile auch mit dem 3D-Drucker herstellbar sind. Das bedeutet, dass ein einzelnes Bauteil nicht größer sein durfte als der uns zur Verfügung stehende Druckbereich des 3D-Druckers. Alle zum Rahmen gehörende Bauteile sollten so entworfen werden, dass sie im Falle eines Defektes mit so wenig Aufwand wie möglich ausgetauscht und nachproduziert werden können.

Des Weiteren wurde sich in diesem Arbeitsschritt genau überlegt wie die Drehbewegung der Achsen realisiert und untergebracht werden kann.

Der Prototyp besteht insgesamt aus 14 3D gedruckten Einzelteilen, 12 M3x20mm Innengewindestangen M3, 8 M3x5mm Innengewindestangen und 28 M 3 Linsenkopschrauben alleine für den Rahmen.

Da auf die Motorenachsen die meisten Kräfte wirken, entschieden wir uns für die Verwendung eines Carbonrohres mit einem Außendurchmesser von 12mm.

Die obere Abbildung zeigt sämtliche Rahmenteile der ersten Version des Prototyps. Heute ist eine Vielzahl von Bauteilen überarbeitet und optisch wie funktionell optimiert worden.

3.4   Herstellung der Gehäuseteile mithilfe eines 3D-Druckers

Die im Arbeitsschritt 3.1.3 gezeichneten Bauteile wurden in ein Dateiformat
umgewandelt mit dem der 3D-Drucker arbeiten kann. Anschließend wurde dann mit
dem uns zur Verfügung stehende 3D-Drucker des Typs Prusa i3 nach und nach alle
Rahmenteile gedruckt. Die ersten Drucke erfolgten mit konventionellen Filament,
welches sich im Nachhinein als nicht geeignet herausstellte. Daher wurde nach
Spezialfilament gesucht welches bessere Eigenschaften aufweisen. Im Kapitel
Bauteilspezifikation ist das verwendete Spezial-Filament detailliert beschrieben. Die
Druckzeit für einen kompletten Rahmen beläuft sich insgesamt auf 40 Stunden.
Das folgende Bild zeigt den 3D-Drucker bei der Herstellung eines der beiden
Bauteile für die Motorhalterungen.

Abbildung 11 ein Teil der Motorhalterung im Druck

3.5 Mechanischer Aufbau

Nachdem alle Rahmenteile gedruckt waren, wurden diese zuerst montiert und
gewogen. Das Gewicht des Rahmens ist ausschlaggebend für die Berechnungen
des nächsten Arbeitsschrittes. Das Gewicht lag bei 330 Gramm ohne elektrische
Komponenten. Des Weiteren konnten hier schon Lösungsansätze für den Tilt-
Antrieb realisiert und getestet werden.

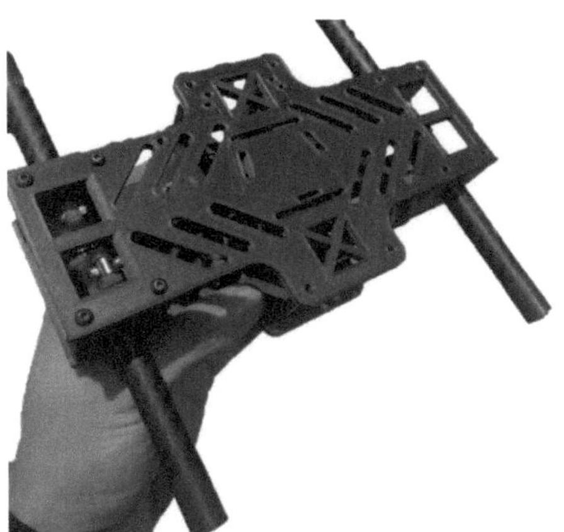

Abbildung 12 Fertig montierter Rahmen

Abbildung 13 Umsetzung Tilt Mechanismus

3.6 Berechnungen der elektrischen Größen, Produktauswahl

Nachdem das fertige Frame die Zielvorgaben erfüllt hat, ging es nun darum, alle mit der gewünschten Funktion verbundenen Komponenten zu berechnen. Im Wesentlichen wurden folgende Überlegungen und Berechnungen bei der Bauteilauswahl berücksichtigt:

- Gewichtsberechnung des gesamten Quadrocopters
- Berechnung der notwendigen Schubkräfte nach Anforderungen
- Motorschubkräfte berechnen bzw. recherchieren
- Motor-Auswahl
- ESC-Auswahl
- Akku-Berechnung

3.6.1 Gesamtgewicht

Die oben genannte Aufzählung muss chronologisch abgearbeitet werden, folglich wurde zuerst mit der Gewichtsberechnung begonnen. Zur Gewichtsberechnung eines Copters gehören folgende Bauteile:

- Rahmenkonstruktion   330 Gramm
- Flugcontroller   15 Gramm
- Empfänger   20 Gramm
- Motoren   4x30 Gramm
- ESCs (Motorregler)   4x15 Gramm
- Propeller   4x10 Gramm
- Akku   208 Gramm
- Kleinteile   20 Gramm
- FPV-System   20 Gramm

Das geschätzte Gesamtgewicht liegt bei 833 Gramm und ergibt sich aus der Addition der oben aufgezählten Einzelteile.

3.6.2. Benötigte Schubkraft

Im zweiten Schritt musste die benötigte Schubkraft ermittelt werden. Um einen Quadrocopter überhaupt zum Abheben zu bekommen wird mindestens die doppelte Schubkraft in Abhängigkeit zum Gesamtgewicht benötigt.

Mindestschubkraft= Gesamtgewicht *2
Mindestschubkraft= 833 Gramm *2
Mindestschubkraft= 1.66 Kg

Da wir aber einen Racing Quadrocopter bauen, benötigen wir viel mehr Schubkraft um schnell Beschleunigen zu können, denn ein Copter ohne genügend Schubkraft ist wie ein Formel-1-Bolide mit einem 60-PS-Motor.

Aufgrund dessen entschieden wir uns für den Faktor 4, was bedeutet:

Mindestschubkraft= Gesamtgewicht *4
Mindestschubkraft= 833 g *4
Mindestschubkraft=3,3 kg

Da wir einen Quadrocopter planen ergeben sich auch 4 Motoren, was so viel bedeutet, dass sich die Mindestschubkraft gleichmäßig auf die 4 Motoren aufteilt.

Motorschubkraft= Mindestschubkraft / 4
Motorschubkraft= 3300g / 4
Motorschubkraft= 825g

3.6.3 Auswahl der Motoren

Mit dem Wissen aus dem vorangegangenen Arbeitsschritt wurde nach einem geeigneten Brushless-Motor gesucht. Die Auswahl fiel schnell auf den EMAX RS2205 2300KV da dieser sogar noch mehr Schubkraft liefern konnte und leicht zu beschaffen war. Hier ein Auszug der technischen Daten des Motors. Besonders Interessant hierbei ist, dass bei voller Drehzahl der Motor einen Schub (trust) von 1024g pro Motor abgeben kann (rot markierter Bereich).

Motor type	The voltage (V)	Paddle size	current (A)	thrust (G)	power (W)	efficiency (G/W)	speed (RPM)
RS2205-2300KV	16	HQ5045 BN	1	76	16.00	4.75	7220
			3	183	48.00	3.81	10790
			5	283	80.00	3.54	13030
			7.1	352	113.60	3.10	14720
			9.1	426	145.60	2.93	16180
			11	497	176.00	2.82	17150
			13	560	208.00	2.69	18460
			15	628	240.00	2.62	19270
			17	692	272.00	2.54	20270
			19	754	304.00	2.48	21060
			21	812	336.00	2.42	21840
			23.3	878	372.80	2.36	22590
			25.4	936	406.40	2.30	23210
			27.3	997	436.80	2.28	23920
			29.9	1024	478.40	2.14	24560

Abbildung 14 Auszug Datenblatt Emax RS2205 2300KV

Hierbei ist noch zu erwähnen, dass der Hersteller stets einen bestimmten Propellertyp empfiehlt. Hier werden sogenannte 5045 BN-Propeller vorgeschlagen, welche auch in diesem Projekt verbaut wurden (grün markierter Bereich).

3.6.4 Auswahl ESCs

Die Auswahl des geeigneten ESCs gestaltet sich recht simpel. Es ist lediglich die im vorherigen Arbeitsschritt festgelegte maximale Schubkraft und damit verbunden die maximale Stromaufnahme hierbei zu beachten. Was wir nun benötigen ist der maximale Strom der durch den Motor fließen kann. In diesem Fall sind das 29,9Ampere. Betrieben werden soll der Quadrocopter an 4s Lipo-Akkus, welche eine Nennspannung von 14,8V liefern. Daraus ergibt sich:

Leistung = Strom I * Spannung V
Leistung = 29,9 Ampere * 14,8V
Leistung = 442,52 Watt

Strom = Leistung W / Spannung V
Strom =442,52 Watt / 14,8V
Strom = 29,9 A

Das bedeutet also, wenn an dem maximalen Betriebspunkt des Motors eine Leistung von 442 Watt benötigt wird, und zwar in Verbindung mit einem 4S – Akku (14,8V), fließen an dieser Stelle 29,9 A. Dieser Wert wird auch im bereits dargestellten Datenblatt als maximale Stromaufnahme genannt.

Ein ESC hat immer 2 Strombelastungsgrenzen: Zum einen die Dauerlast (normaler Flugbetrieb) und zu anderen die kurzzeitige Belastbarkeit (bei Extremanforderungen, z.B. Gegenwind bei Vollgas). Nun ist es Ermessensache, welches ESC ausgewählt wird. Die Entscheidung hier fiel auf ein ESCs welches eine Dauerlast von 30A und eine kurze Belastbarkeit von 35A pro Motor verträgt.

3.6.5 Berechnung des Flug-Akkus

Eine wichtige Kenngröße neben der Kapazität des Akkus ist die maximale Strombelastbarkeit. Diese wird immer im sogenannten C-Wert angegeben, Der C-Wert ist der Multiplikator, mit dem die Akkukapazität multipliziert wird, um den maximal möglichen Stromfluss des Akkus zu ermitteln. Für dieses Projekt wurden 1500mAh als Kapazität angenommen welche eine dauerhafte Strombelastbarkeit von mindestens 65C und eine 10-sekündige Spitzenbelastung von 130C aushalten. Somit ergibt sich:

Maximalstrombelastung dauerhaft=65*1500mAh=97500mAh=97,5A
Maximalstrombelastung 10sek= 130*1500mAh= 195000mAh=195A

Diese Akkus sind also geeignet, da die maximale Stromaufnahme der Motoren – sprich bei Vollgas – bei 29,9A liegt. Bei 4 Motoren ergibt dies einen maximalen Stromfluss von 119A, wohlgemerkt bei Vollgas.

3.6.6 Produktauswahl

Die Auswahl und Spezifikation der Bauteile entspricht den Im Punkt 4 aufgelisteten
Bauteile.

3.7 Auswahl des Flug-Controllers

Ein Flug-Controller stellt das Herzstück eins Quadrocopters dar. Seit Beginn des
Projektes stand die Frage im Raum, welcher Flug-Controller zum Einsatz kommen
wird.

Das Problem vor dem wir standen war, das bis dato keine speziell für diesen Typ
Quadrocopter Flug-Controller vorhanden waren. Deshalb stand die Idee im Raum,
selbst einen Flug-Controller zu entwickeln. Diese Idee wurde jedoch wieder
verworfen, da ich auf das sogenannte Multiwii Projekt aufmerksam wurde. Multiwii ist
ein Projekt, das sich mit der Hard- und Softwareentwicklung zur Steuerung von
Multicoptern beschäftigt. Das bedeutet, dass eine Vielzahl von frei programmierbaren
Flug-Controllern auf dem Markt sind, die mithilfe der Open Source Software von
Multiwii programmierbar sind. Wir entschieden uns für ein solches Multiwii-
Sensorboard welche s alle wichtigen Sensoren und einen frei programmierbaren
Mikro-Controller verfügt.

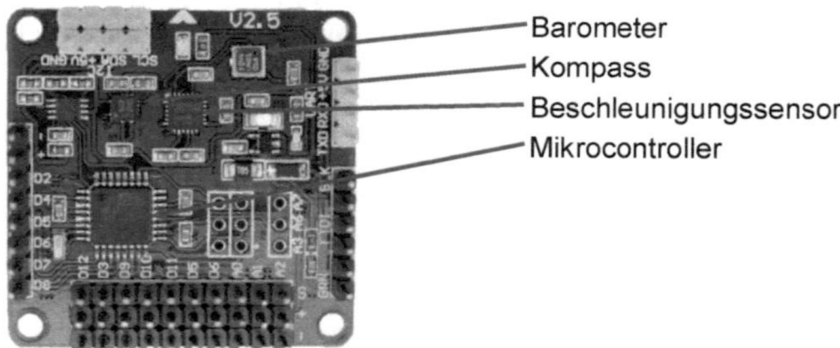

Abbildung 15 verwendeter Flugcontroller

3.8 Materialbeschaffung

Nachdem alle elektrischen Komponenten berechnet waren und sich für einen Flug-
Controller entschieden wurde, wurden die Bauteile bestellt. Teilweise wurden diese
direkt aus China importiert, um die Kosten gering zu halten.

3.9 Elektrischer Aufbau Blockschaltbild

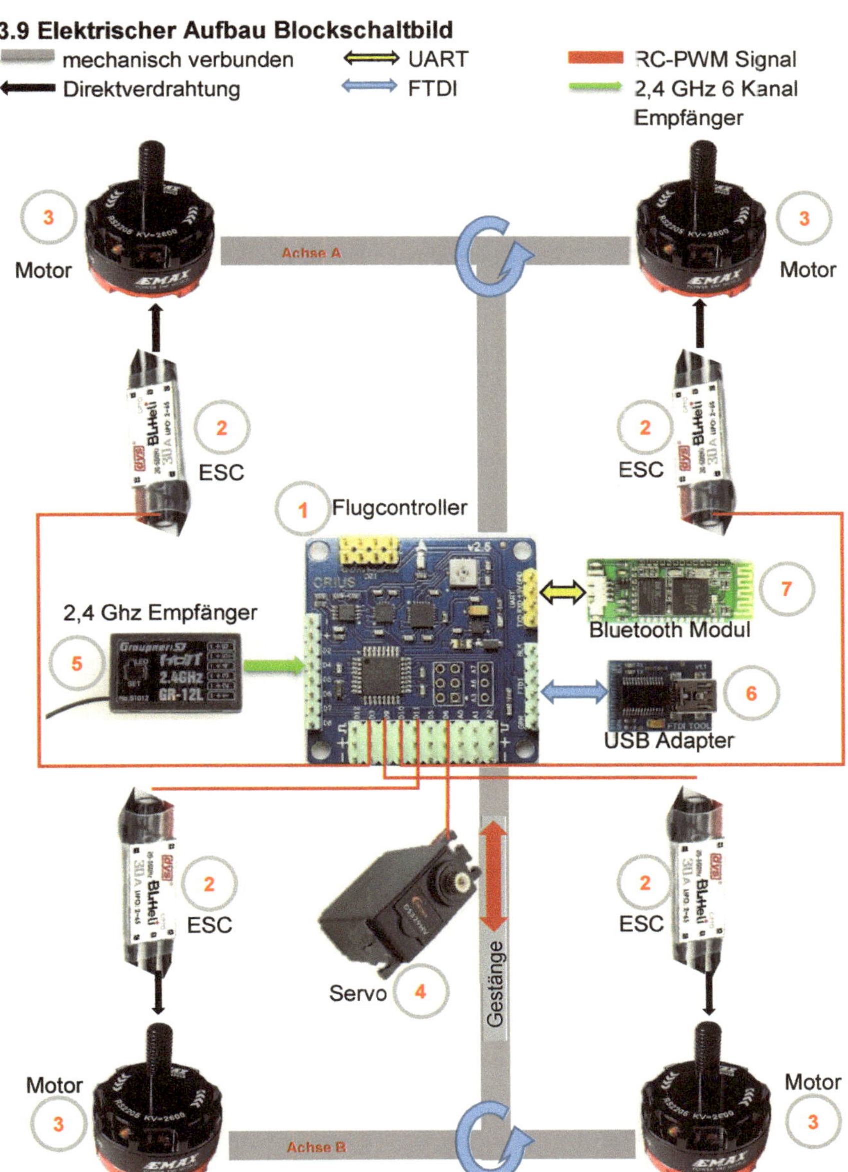

Abbildung 16 Blockschaltbild Tilt Arm Quadrocopter

3.10 Beschreibung elektrischer Aufbau

Nachdem alle Bauteile geliefert wurden, konnte damit begonnen werden sie zu
montieren und anzuschließen. Schematisch ist die Elektronik wie in dem
Blockschaltbild auf der vorherigen Seite aufgebaut.

Das Blockschaltbild besteht aus sieben verschiedenen elektronischen Bauteilen, die
mechanisch miteinander verbunden sind. Im Zentrum steht der Flugcontroller
„CRIUS Multiwii 2.6" ① eine frei programmierbare Open-Source Flugsteuerung.
Diese Steuerung enthält bereits alle wichtigen Sensoren, die ein Quadrocopter für
ein stabiles Flugverhalten benötigt.

Angeschlossen an das CRIUS Multiwii wird der 2,4 Ghz 6 Kanal Empfänger
Graupner GR12L ⑤, welcher alle Signale von der Fernsteuerung des Piloten an das
Board weitergibt.

Ausgangsseitig werden Steuersignale an die vier elektronischen Drehzahlregler
(ESC´s) ② und den Digitalservo ④ ausgegeben. Der Digitalservo wird die
Drehbewegung über ein Gestänge auf die beiden Antriebsachsen (Achse A und B)
übertragen. Die ESC´s ② sind die Drehzahlregler für die bürstenlosen Motoren③.

Der Flugcontroller wird über eine USB-Verbindung ⑥, die über eine FTDI-
Schnittstelle am Sensorboard realisiert wird, programmiert. Weiterhin wird ein
Bluetooth-Modul ⑦ an das Multiwii angebracht, um eine drahtlose Kommunikation
mit dem Smartphone oder PC zu gewährleisten.

3.11 Spannungsverteilung

Um die Brushless-Motoren an der Obergrenze des Machbaren dauerhaft betreiben zu können, wird der Quadrocopter über einen 4 Zellen- LiPo-Akku betrieben. Pro Zelle liefert ein LiPo eine Nennspannung von 3,7V. Im Rahmen dieses Projektes sollte eigentlich eine Platine entworfen werden, die eine Spannung von 14,8V an die vier ESC´s liefert und zusätzlich jeweils einmal 6V für die Spannungsversorgung des Servos und 5V für die Spannungsversorgung für das FPV-System bereitstellt. Die Stromaufnahme des Servos war hierbei der Hauptgrund für den eigenen Entwurf einer solchen Platine.

Aufgrund des frühzeitigen Ausscheidens von ███████████ konnte diese Idee aber nicht in Eigenregie umgesetzt werden. Es wurde daher eine konventionelle Spannungsverteilerplatine beschafft und montiert. Die 6V Spannungsversorgung für den Servo wird durch ein sogenanntes UBEC (siehe Bauteil spezifikation) zuverlässig bereitgestellt. Die Spannungsversorgung wird in der folgenden Abbildung schematisch dargestellt.

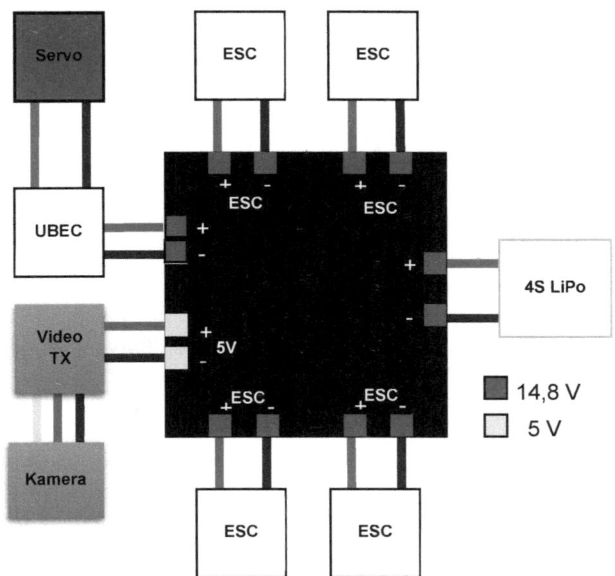

Abbildung 17 Blockschaltbild Spannungsverorgung

3.12 Programmierung des Flug-Controllers

3.12.1 Programmiersprache

Der auf dem Flugcontroller verbaute Atmel 328P wird mit der Programmiersprache C
bzw. C++ programmiert. Als Compiler wird die Arduino IDE verwendet.

Abbildung 18 Arduino Logo

3.12.2 Programmierung des Flugcontrollers

Als Grundlage für die Programmierung des Flugcontrollers wurde also die Open
Source Multiwii Sketche verwendet. Die Entscheidung fiel auf die Multiwii Version 2.3
was die neueste ist. Zuerst musste sich ein Überblick über diesen sehr
umfangreichen Code verschafft werden.

Im Wesentlichen waren folgende Schritte zu unternehmen:
* Beschleunigungssensoren kalibrieren
* Sensorboard auswählen
* Kopterklasse auswählen
* Kompass kalibrieren
* Kalibrieren der Gaswege für die ESC´s
* Auswählen des richtigen RC Funkfernsteuerzungssysem
* Erweiterung des vorhandenen Sketches der den Servo ansteuert welcher
  schlussendlich die Neigung des Quadrocopters begrenzt

Es wurden 2 Flugmodi programmiert wobei einer die Antriebsachsen feststellt wie bei
einem konventionellen Quadrocopter und einen Modus in dem die Motorachsen
durch den Servo geschwenkt werden. In beiden Modi wird der Servo auf
Mittelstellung beim Start angesteuert. Nachdem der Tilt-Arm Modus ausgewählt
wurde, wird der Servo analog zum Pitch Signal der RC Funkfernsteuerung
angesteuert.

3.13 Funktionstest

Bevor es zu Testflügen kam, wurden speziell die elektrischen Komponenten auf ihre Funktion geprüft. Es wurde stets nach Lieferung der Bauteile eine Sicht –und Funktionsprüfung gemacht. Positiv hierbei war das sämtliche ge ieferten Komponenten stets fehlerfrei waren was eine Verzögerung ausschloss.

Nach dem elektrischen Aufbau wurde zum Beispiel die Dreh Richtung der Motoren geprüft und auch die Stromaufnahme des Motors gemessen.

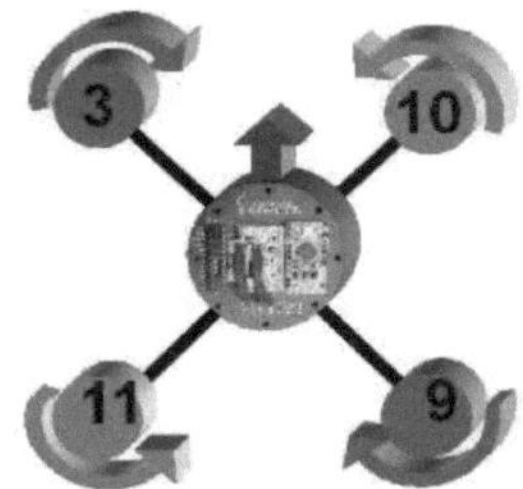

Abbildung 19 Drehrichtungen der Motoren

Die erforderliche Drehrichtung der Brushlessmotoren ist in der obigen Abbildung sichtbar. Zwei Motoren Drehen im Uhrzeigersinn, die anderen zwei drehen gegen den Uhrzeigersinn. Damit wird eine Eigen Rotation um die eigene Achse durch diese Anordnung der Motoren erreicht.

Nach Abschluss der Montage, Beendigung des elektrischen Aufbaus und der Programmierung waren erste Testflüge möglich. Die ersten Maßnahmen beim Jungfernflug waren der Funktionstest der Fail Safe Einstellungen welche bei einem Verlust des Funkfernsteuerungssignals sofort alle Motoren abschaltet.

Diese Funktion funktioniert fehlerfrei und musste auch das eine oder andere Mal genutzt werden um einen unkontrollierten Flug zu verhindern und einen kontrollieren Absturz herbeizuführen.

Abstürze und Kollisionen mit Hindernissen waren auch die Folge der Testflüge. Durch den neuartigen Antrieb resultiert auch ein neues Flugerlebnis und eine abweichende Reaktion bei gewissen Manövern im Vergleich zu konventionellen Quadrocoptern. Im Zusammenhang mit Crashs zeigten sich auch Konstruktionsfehler zum Beispiel an den Motorhaltern die so verbessert wurden das auf sie eine größere Kraft einwirken kann ohne dass diese Schäden nehmen.

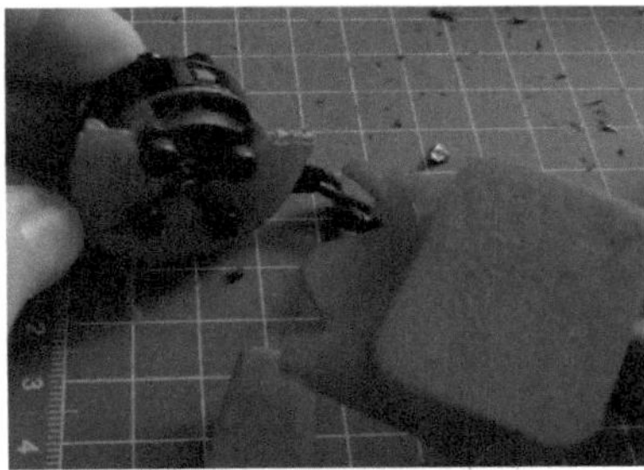

Abbildung 21 Defekte Motorhalterung

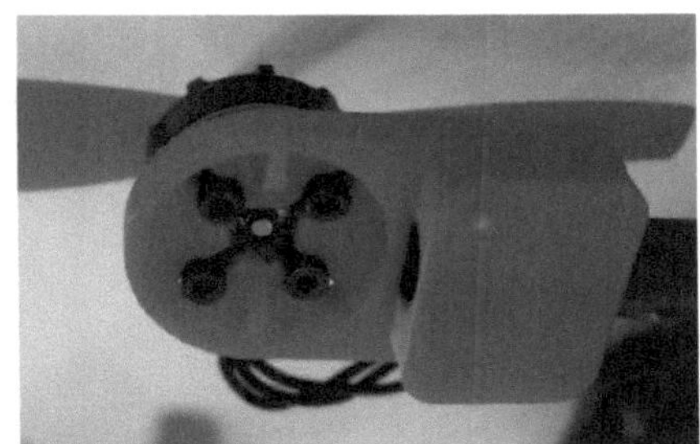

Abbildung 20 Verbesserte Motorhalterung

Das umgesetzte Konzept welches die Drehbewegung der Antriebsachsen
angewendet wurde erwies sich als sehr effizient. Anfangs bestanden Zweifel ob ein
einziger Servo die Stellkraft besitzt besonders bei hohen Geschwindigkeiten die
Antriebsachsen zuverlässig und schnell zu steuern. Die einzige Schwachstelle an
dem Tilt Mechanismus sind die mit dem 3D-Drucker hergestellten Verbindungsstücke
(grüne Markierung) zwischen dem Gestänge und des Carbon Rohrs. Diese Teile
werden extremst beansprucht und sind für die Fertigung mit dem 3D Drucker wohl
ungeeignet.

Abbildung 22 Materialermüdung

Diese Teile reisen mit der Zeit auf (grüner Pfeil), sie stehen zum einen unter
Spannung da sie miteinander Verschraubt sind und zum anderen kommt die
Hebelwirkung des Gestänges hinzu. Diese Schwachstelle muss unbedingt behoben
werden in Zukunft damit ein sicherer Flug gewährleistet werden kann. Eine Lösung
wäre diese Bauteile aus Aluminium fräsen zu lassen.

4. Bauteil-Spezifikation

Für die Auswahl der Bauteile wurde auf folgende Kriterien besonderen Wert gelegt:

- Zuverlässigkeit
- Leistungsfähigkeit
- Möglichst kleine Bauform
- Möglichst geringes Gewicht

4.1 Filament für den 3D-Drucker

Abbildung 23 Verwendetes Filament

Entschieden wurde sich nach verschiedenen Tests für das Carbonfil-Filament von Formfutura. Es handelt sich hierbei um Filament, welches mit 20% extra langen Carbonfasern angereichert wurde. Es zeichnet sich durch extreme Schlagfestigkeit, hohe Biegefestigkeit seinem verhältnismäßig leichten Gewicht und einen schönen matt schwarzen Carbonlook aus und eignet sich daher perfekt für den Prototypenbau.

Im vorderen Teil des Quadrocopter wurde zur besseren optischen Unterscheidung von Vorderseite und Rückseite auch aus weiterer Entfernung, Bauteile in einem markanten Feuerrot hergestellt. Auch bei diesem Filament namens Polymax PLA handelt es sich um High-Tech Filament was extrem hohen mechanischen Belastungen standhält und somit geeignet war.

Abbildung 24 Verwendetes Filament

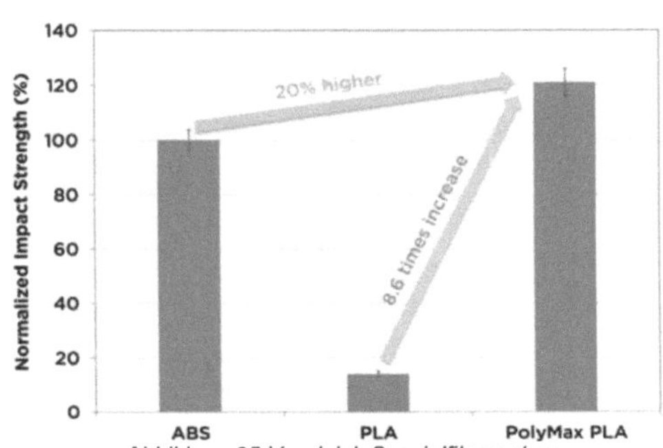

Abbildung 25 Vergleich Spezialfilament zu herkömmlichen Filamenten

4.2 Drehzahlregler ESC

Abbildung 26 Verwendete ESC

Die Auswahl und Dimensionierung vom Motorregler für die Ansteuerung der Brushless-Motoren richtet sich maßgeblich nach der maximalen Stromaufnahme. Diese Drehzahlregler wurden ausgewählt, da sie eine frei programmierbare Firmware mit sich bringen und damit noch einen genaueren und effizienteren Einsatz der Brushless-Motoren gewährleisten.

Bezeichnung	DYS Bl30A ESC
Gewicht	14,5 g
Maße :	45x16.6x5.5mm
Spannung	2-6S Lipo bzw. 7.4V-22.2V
Signalfrequenz	20-500Hz
Output PWM Frequenz	18KHz

4.3 UBEC

Abbildung 27 Verwendetes UBEC

Dieses Bauteil regelt die 14,8V Versorgungsspannung des Lipo- Akkus in eine stabile 6V Spannung die für den Betrieb des Servos benötigt werden.

Bezeichnung	Pichler
Gewicht	ca. 10g mit Kabel
Maße :	40x20x10mm
Eingangsspannung	5 - 25V
Ausgansspannung	5.0/6.0V, einstellbar per Jumper

4.4 Flugcontroller

Abbildung 28 Verwendeter Flugcontroller

Der Flugcontroller ist das Herzstück des Quadrocopters. Er enthält die komplette Sensorik die benötigt wird um ein schönes Flugerlebnis zu erleben.

Bezeichnung	Crius Multiwii 2.6 SE
Gewicht	15 g
Maße :	40mm x 40mm
Spannung	5V
Prozessor :	Atmega 328P 16Mhz
Kreiselsystem:	MPU6050 6-Achsen Kreisel / ACC with Motion Processing Unit
Kompass	HMC5883L
Barometer	BMP085

4.5 Spannungsverteilerplatine

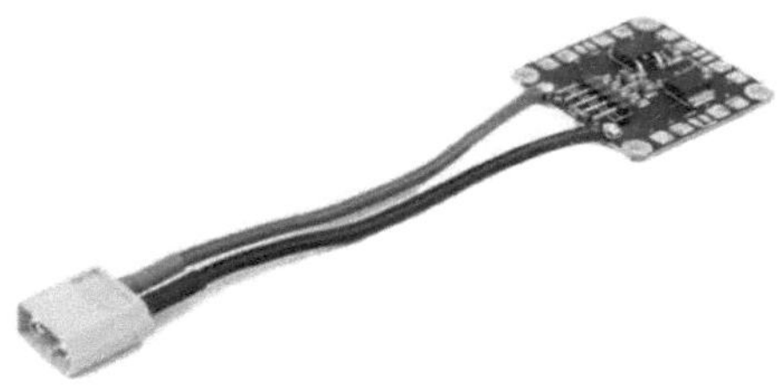

Abbildung 29 Verwendete Spannungsverteilerplatine

Verbaut wurde außerdem eine Spannungsverteilerplatine mit folgenden Spezifikationen:

- Stecker XT-60
- 4 x Ausgansspannug 14,8V
- 2 x 5V Ausgangsspannung

4.6 Servo

Abbildung 30 Verwendeter Digitalservo

Der Servo realisiert die Drehbewegung der Antriebsachsen und muss im
Wesentlichen 3 Anforderungen erfüllen: Er braucht eine starke Stellkraft, er muss
schnell und robust sein. Also ist ein Servo von Nöten der ein Metallgetriebe und
einen Motor intern verbaut hat der kernlos ist was den Servo robust und
leistungsfähiger macht.

Bezeichnung	Bluebird BMS-393DMH
Gewicht	22,5 g
Maße :	29 x 13 x 30 mm
Spannung	4,8-6V
Servoelektronik	Digital
Getriebe	Metall,2 Fach Kugelgelagert
Motor	Coreless
Stellgeschwindigkeit :	0,09 s/60° bei 6,0 V
Stellkraft	4,3 kgcm bei 6,0 V

4.7 Brushless-Motoren

Abbildung 31 Verwendete Brushless-Motoren

Bezeichnung	Emax Rs2205 2300KV
Gewicht	30g
Spannung	3-4s Lipo = 11,1-14,8V

Diese Motoren wurden zum einen aufgrund Ihrer hohen Schubkraft von 1024 Gramm pro Motor und den stets positiven Erfahrungen meinerseits ausgewählt. Als Propeller werden 5 Zoll-Bullnose-Propeller mit einem Pitch von 45° vorgeschlagen welche auch in diesem Projekt verwendet werden. Das folgende Bild zeigt links die Verwendeten Bullnose-Propeller im Vergleich zu konventionellen Propellern auf der rechten Seite.

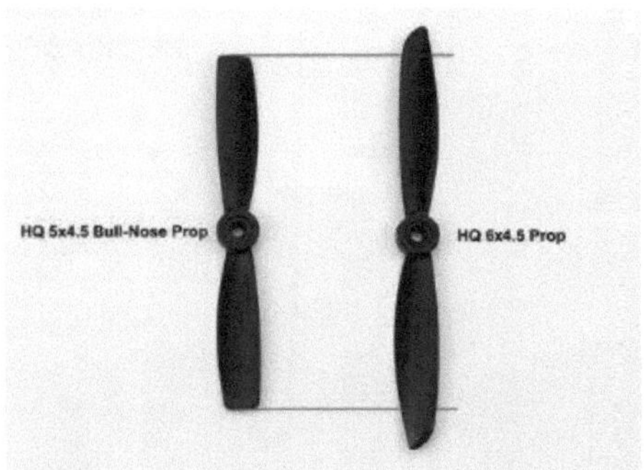

Abbildung 32 Unterschied Bullnose zu Normalen Propellern

4.8 Akku

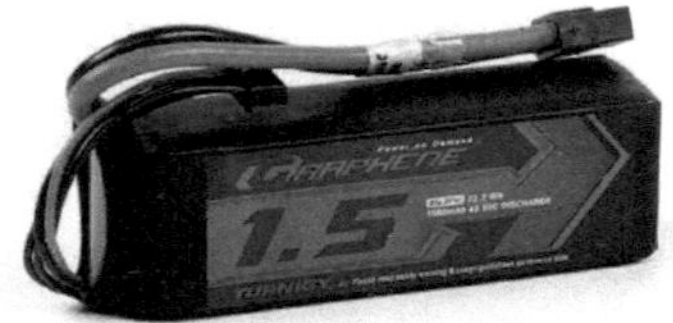

Abbildung 33 Verwendeter Lipo-Akku

Die Spannungsversorgung wird durch einen Lithium-Polymer-Akkumulator
gewährleistet. Im RC-Modellbaubereich werden diese Akku-Typen verwendet, weil
sie im Vergleich zu anderen Akku-Typen eine viel höhere Energiedichte besitzen.
Bei der Auswahl dieses Akkus waren die Berechnungen der Stromaufnahme des
Quadrocopters ausschlaggebend. Die Entscheidung fiel auf das Modell mit folgender
Spezifikation:

Bezeichnung	Turnigy Graphene
Gewicht	208g
Maße :	107x35x30mm
Spannung	14.8V
Kapazität	1500mAh
Entladerate	65C Konstant / 130C Burst

4.9 Fernsteuerung

Abbildung 34 Verwendete RC-Funkfernseteuerung

Bezeichnung	Graupner Mz-12
Anzahl der Kanäle	6
Frequenz	2400...2483,5 MHz
Betriebsspannung	3,4...6 V
Reichweite	4000m

Über diese Fernsteuerung wird der Quadrocopter gesteuert. Sie muss im Rahmen des Technikerprojektes nicht neu angeschafft werden, da sie sich bereits im Besitz von Julian Kühn befindet. Die Fernsteuerung ist universell einsetzbar für jedes erdenkliche Modell. Über diese Fernsteuerung sind auch Sicherheitseinstellungen bei Signalverlust realisierbar. Bei einem Signalverlust werden innerhalb von 0,25 Sekunden alle Motoren abgeschaltet und der Servo fährt in Nullstellung.

4.10 FPV-System

Abbildung 35 Verwendetes FPV-System

Die Livebild Videoübertragung wird durch dieses System gewährleistet und hat folgende Spezifikationen. Wichtig bei der Auswahl dieses Sets war die Sendeleistung des Video-Transmitters, welcher eine Sendeleistung von 25mW nach deutschen Gesetzen nicht übersteigen darf. Ein weiterer ausschlaggebender Punkt ist, dass das FPV-System nicht denselben Frequenzbereich wie die RC-Funkfernsteuerung nutzen sollte, da ansonsten die Gefahr einer gegenseitigen Störung der Signale mit sich bringen würde.

Bezeichnung	Eachine FPV Set
Gewicht	15,2 g
Stromaufnahme	160 mA gesamt
Spannung	3,6-5,5V
Kamerasensor	1/3" CMOS 700TVL
Transmitter Sendeleistung	25mW
Frequenz	5,8Ghz

5. Aufstellung der Kosten

5.1 Gegenüberstellung Geplante und Tatsächliche Kosten

Pos.	Materialbezeichnung	Geplante Kosten	Tatsächliche Kosten
1.	Antriebe	90,00 €	145,43€
2.	Drehzahlregler	85,00 €	50,16€
3.	Akku	15,00 €	112,42€
4.	FPV-System	50,00 €	21,14€
5.	Sensoren	15,00 €	-
6.	Flugcontroller	25,00 €	62,51€
7.	Filament	150,00 €	119,70€
8.	Zubehör für die Elektrik	20,00 €	25,98€
9.	Zubehör 3D Druck	10,00 €	3,99€
10.	Verschleißteile Quadrocopter	20,00 €	4,88€
11.	Mechanische Bauteile	30,00 €	29,04€
12.	Unvorhergesehene Kosten	300,00 €	399€
	SUMME	810,00 €	974,25€

5.2. Auswertung Kosten

Die Kostensteigerung für das Projekt ist darauf zurückzuführen, dass der
Quadrocopter immer wieder mechanisch wie elektrisch umgebaut wurde, bis das
gewünschte Ergebnis eintrat. Beispielsweise war ursprünglich geplant, ein 3Zellen-
Lipo-Akku zuverwenden. Da aber aufgrund des verhältnismäßig hohen Gewichtes
der Quadrocopter im Flug zu träge wurde, musste auf 4Zellen-Lipos umgestiegen
werden, damit die Motoren mehr Leistung erzielen können. In der Position Akku liegt
die Kostenüberschreitung bei beträchtlichen 648%. Aufgrund von Crashs bei
Testflügen wurden mehrere Servos und ein Brushless-Motor zerstört, was
schlussendlich die Kostenüberschreitung bei den Antrieben erklärt.

Eine weitere markante Überschreitung von knapp einem Drittel liegt bei der Position
für unvorhergesehene Kosten. Grund dafür sind bei der Kalkulation vernachlässigte
Ausgaben, wie z.B. benötigte Softwarelizenzen oder Ausgaben für die
Technikermesse bzw. Präsentation. Auf der anderen Seite wurden Kosten gespart,
weil man durch den Kauf eines fertigen Sensorboards auf externe Sensorik wie z.B.
Barometer oder GPS verzichten konnte.

6. Zeitplanung

6.1 Aufschlüsselung der Projektphasen

Projektdefinition
- Erstellung der Projektbeschreibung
- Einarbeitung in die Thematik
- Erstellung Pflichtenheft

Planung
- Erstellen von handschriftlichen Zeichnungen Gehäuse
- Überlegungen zur Umsetzung des Tilt-Antriebes
- Berechnungen der elektrischen Größen
- Materialbeschaffung

Durchführung
- Einarbeitung in Konstruktionsprogramme
- 3D-Druck des Gehäuses
- Aufbau Mechanik
- Aufbau Elektronik
- Programmierung des Flug-Controllers
- Inbetriebnahme

Abschluss
- Erstellen der Vorabpräsentation für BKOM
- Erstellen der Dokumentation
- Erstellen der Abschlusspräsentation

6.2 Zeitablauf

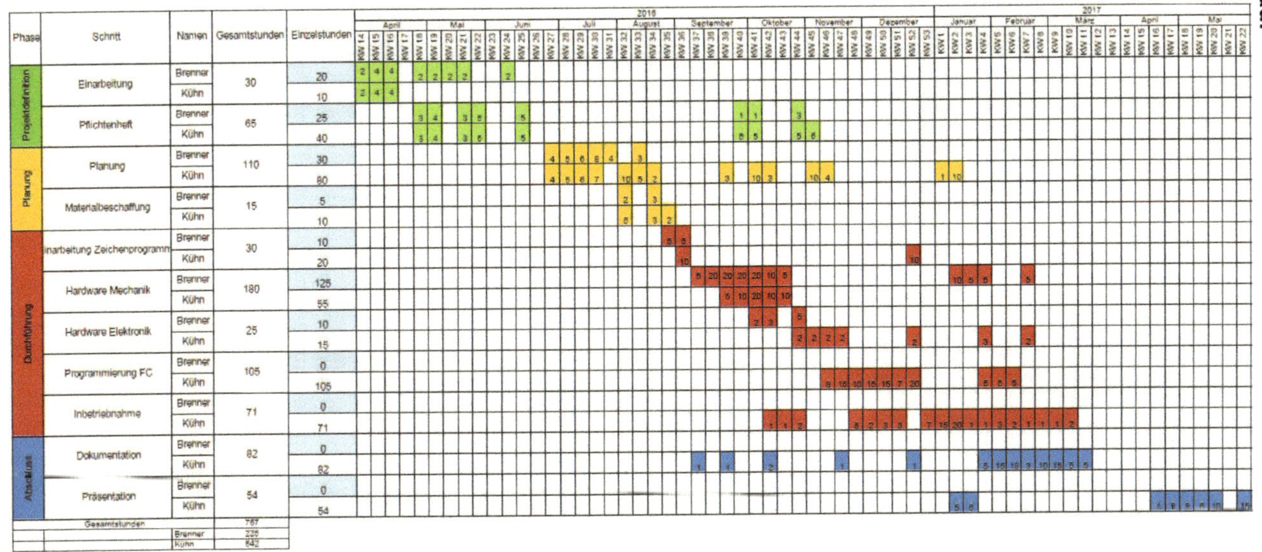

Phase	Schritt	Namen	Gesamtstunden	Einzelstunden
Projektdefinition	Einarbeitung	Brenner	30	20
		Kühn		10
	Pflichtenheft	Brenner	65	25
		Kühn		40
Planung	Planung	Brenner	110	30
		Kühn		80
	Materialbeschaffung	Brenner	15	5
		Kühn		10
Durchführung	Einarbeitung Zeichenprogramm	Brenner	30	10
		Kühn		20
	Hardware Mechanik	Brenner	180	125
		Kühn		55
	Hardware Elektronik	Brenner	25	10
		Kühn		15
	Programmierung FC	Brenner	105	0
		Kühn		105
	Inbetriebnahme	Brenner	71	0
		Kühn		71
Abschluss	Dokumentation	Brenner	82	0
		Kühn		82
	Präsentation	Brenner	54	0
		Kühn		54
Gesamtstunden			767	
		Brenner	225	
		Kühn		542

6.3 Tortendiagramm benötigte Zeit

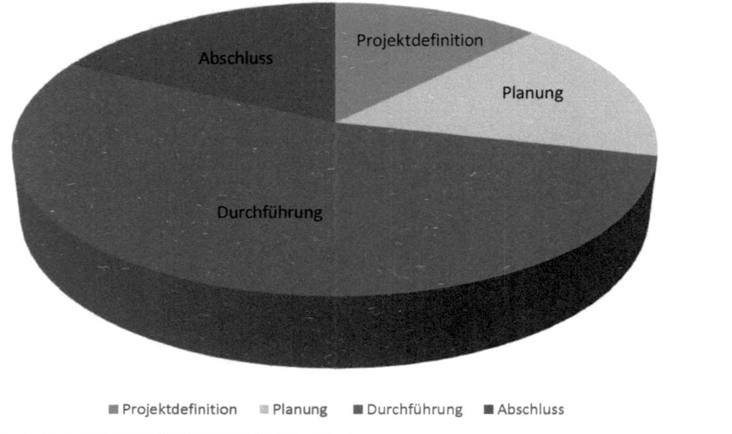

Abbildung 37 Tortendiagramm Zeitverbrauch

6.4 Auswertung der Arbeitszeit

Das geplante Kontingent für das gesamte Projekt lag bei 765 Arbeitsstunden. Die tatsächliche Arbeitszeit wurde 2 Stunden überschritten und beträgt zum 16.05.2017 767 Stunden. Etwa ein Drittel mehr Zeit wurde in der Produktdefinitionsphase benötigt. Grund dafür war, dass die Einarbeitungszeit in der Thematik Quadrocopter ███████████ schwerer fiel als erwartet, was zur Verzögerung und Mehraufwand bei der Erstellung des Pflichtenheftes führte. Eine Überschreitung von knapp 50% gab es im Arbeitsschritt Planung. Der Hauptgrund dafür war, dass Rahmenteile immer wieder optimiert wurden. Des Weiteren verschlang die Einarbeitung in die Multiwii-Thematik sowie die Auswahl des richtigen Filaments für den 3D-Druck mehr Zeit als geplant. In den Arbeitsbereichen Durchführung und Abschluss wurde das Kontingent nicht komplett aufgebraucht. Durch häufige Krankheit von ███████████ kam es dazu, dass Julian Kühn die Arbeitsleistung kompensieren musste. Das Abbrechen der Technikerausbildung von ███████████ verstärkte diesen Effekt erheblich. Somit lässt sich auch der ungleiche Stundeneinsatz beider Teammitglieder erklären. ███████████ investierte insgesamt 225 und Julian Kühn 542 Arbeitsstunden.

7 Fazit

Abschließend kann man stolz von sich behaupten erfolgreich einen Prototyp Tilt-Arm-Quadrocopter entworfen und umgesetzt zu haben. Ein hohes Maß an Eigeninitiative und Selbstdisziplin war nötig um dieses Projekt erfolgreich zu beenden. Die Einarbeitung in die Software war sehr aufwendig. Die Zeit hierfür wurde zu Beginn des Projekts unterschätzt. Fehlende Erfahrung auf Gebieten wie zum Beispiel 3D-Zeichnung und 3D-Druck erschwerte die Einarbeitung ebenso wie die Beschränkungen durch die kostenlose Software.
Es war eine schöne Erfahrung seine eigenen Ideen im Rahmen dieses Projektes zu verwirklichen. Ein Stück weit ist es sogar gelungen, sein Hobby zum Beruf zu machen, etwas wonach viele Menschen streben.
Im Zusammenhang dieses Projektes wurden nicht nur Lerneffekte in Sachen Elektronik, sondern auch im Bereich der Erstellung von 3D-Zeichnungnen, des 3D-Drucks bis hin zur Programmierung erreicht.
Insgesamt hat mir das Projekt viel Spaß bereitet. Die Erfahrung ein neues Projekt von der Planung über die Umsetzung bis hin zur Inbetriebnahme war neu und teilweise eine Herausforderung. Trotz langer Einarbeitungszeiten und anderen kleinerer Rückschlägen wie zum Beispiel das vorzeitige Ausscheiden von ███ ███ wurde das Projekt gemeistert und erfolgreich umgesetzt. Im späteren Arbeitsleben werden sich genau diese Erfahrungen auszahlen.

8. Glossar

Filament

Rohmaterial zur Herstellung von 3D Bauteilen mithilfe eines 3D Druckers

ESC

Electronic Speed Control = Elektronische Drehzahlregler für die Brushless Motoren

Servo

spezielle Elektromotoren → ermöglicht die Kontrolle der Winkelposition ihrer Motorwelle → für Tiltantrieb

Brushless Motor

Bürstenloser Gleichstrommotor

Flugcontroller

kleiner Computer → steuert die ESC`s und somit die Motoren, sowie den Servo. Desweiteren ermittelt er auch die Daten der Sensoren (wie z.B. den Kompass und den Beschleunigungssensor) die zum stabilen Flug notwendig sind.

LiPo

Liithium-Polymer-Akkumulator, Spannungsversorgung des Quadrocopters

FTDI

Schnittstelle zur Anbindung eines Geräts über USB Anschluss

UART

Serielle Schnittstelle dient zum Datenaustausch zwischen Computer und Flugkontroller über Bluethooth

FPV-System

Kamerasystem zum Fliegen über eine Videobrille

Frame

Rahmen, Gestell

PWM Steuersignale

Pulse Widht Modulation → Pulsweitenmodulation → Hierbei wechselt die Spannung zwischen 2 Größen. Es wird ein Rechteckimpuls moduliert, aus dem man die Breite der bildenden Impulse herauslesen kann.

9. Abbildungsverzeichnis

Abbildungen 1-4 aus aus urherberschutzrechtlichen Gründen entfernt

BEI GRIN MACHT SICH IHR WISSEN BEZAHLT

- Wir veröffentlichen Ihre Hausarbeit, Bachelor- und Masterarbeit

- Ihr eigenes eBook und Buch - weltweit in allen wichtigen Shops

- Verdienen Sie an jedem Verkauf

Jetzt bei www.GRIN.com hochladen und kostenlos publizieren